Sitzungsberichte
der Akademie der Wissenschaften
der DDR
Mathematik – Naturwissenschaften – Technik

2 N

1985

Peter A. Thiessen zum 85. Geburtstag

AKADEMIE-VERLAG · BERLIN

Vorträge aus der Sitzung der
Klasse Chemie anläßlich des
85. Geburtstages von Peter A. Thiessen,
Ordentliches Mitglied der Akademie der
Wissenschaften der DDR, am 26. April 1984

Herausgegeben im Auftrage
des Präsidenten der Akademie
der Wissenschaften der DDR
von Vizepräsident Prof. Dr. Heinz Stiller

ISSN 0138-3965
Erschienen im Akademie-Verlag, DDR-1086 Berlin, Leipziger Str. 3–4

Lizenznummer: 202 · 100/44/85
Printed in the German Democratic Republic
Gesamtherstellung: VEB Druckhaus Köthen
LSV 1215
Bestellnummer: 763 469 2 (2010/85/2/N)
00300

Sitzungsberichte
der Akademie der Wissenschaften
der DDR
Mathematik – Naturwissenschaften – Technik

Jahrgang 1985 · Nr. 2/N

Peter A. Thiessen zum 85. Geburtstag

AKADEMIE-VERLAG · BERLIN
1985

Inhalt

Hermann Klare

Laudatio

Lieber Peter Thiessen!
Sehr verehrte Frau Christine!
Meine Damen und Herren!

Es bereitet mir herzliche und aufrichtige Freude, lieber Peter Thiessen, daß ich aus Anlaß Deines 85. Geburtstages ebenso wie vor fünf Jahren ein Kolloquium unserer Klasse Chemie eröffnen kann, das Dir gewidmet ist.

Du hast mir nun ausdrücklich gesagt, ich solle mich bei meiner Einleitung kurz fassen, eine ausführliche Laudatio wäre gar nicht in Deinem Sinn. Ich respektiere Deinen Wunsch, und ich halte mich daran.

Ich möchte heute noch einmal an Deine abschließenden Worte über „Chemie auf neuen Wegen" und an Deine und Deiner Mitarbeiter Vorträge erinnern, die vor fünf Jahren am 12. April und 8. Juni 1979 vor der Klasse Chemie gehalten wurden. Es ging damals, und es geht heute bei Deinen Arbeiten, wie Du Dich auszudrücken pflegst im Adlershofer – „Altenteil", um das Wesen und Wirken der zwischenmolekularen Kräfte bei gezielten Stoffwandlungen.

Darüber hörten wir vor fünf Jahren Ergebnisse und Erkenntnisse, die Du und Deine Mitarbeiter „Impaktchemie" nennen, worunter Ihr eine Stoffwandlung unter gelenkter Wahrscheinlichkeit versteht: zweifellos also „Chemie auf neuen Wegen".

Du hast, lieber Peter, darüber auch noch einmal im Januarheft des „spectrum" berichtet, und ich kann mir deshalb Einzelheiten ersparen, möchte aber ausdrücklich auf das verweisen, was Du im „spectrum" zu Protokoll gibst. Es ist nämlich nicht nur ein Genuß, es zu lesen, es bildet auch seine Leute, wenn man es gründlich liest und über das Gelesene nachdenkt. Abgesehen davon ist dieser Artikel ein unverwechselbarer „echter Thiessen". Du sagst darin einmal als Quintessenz den Satz: „Meine gesamte theoretische und experimentelle Arbeit dient der Vorbereitung notwendiger und neuartiger Technologien und Verfahrenszüge der geschlossenen dynamischen und prognostischen sozialistischen Rationalisierung". Du sprichst über die Verantwortung der Wissenschaftler und kommst zu dem Schluß, daß „jetzt, wo wir uns einer gewaltigen Herausforderung westlicher Industriestaaten gegenübersehen, an unsere Parteilichkeit sehr hohe Ansprüche gestellt sind". Du forderst, dieser Herausforderung zu begegnen und sagst geradeheraus, daß „Einsicht über deren Zusammenhänge nicht ausreiche"; denn „unsere Parteilichkeit zwingt uns, ihr offensiv entgegenzutreten, indem wir uns zu Sonder- und Höchstleistungen verpflichten". „Der Wille allein" sei jedoch „zu wenig, wir müssen uns befähigen, Abwehrmittel zu entwickeln, die den Angriffsmitteln überlegen sind. Und das gelte sowohl für die Militär- als auch für die Produktionstechnik".

Sind das nun schöne Worte eines weisen Fünfundachtzigjährigen? Wer die Vorträge unserer Klassensitzung am 23. Februar 1984 über Direktreduktionen an Gesteinen und Erzen mit Wasserstoff hörte, wird mir beipflichten, wenn ich auf die eben gestellte Frage antworte, *nein*, dahinter stehen Experimente, die Wege in Neuland zeigen. Und wer mir dennoch nicht glaubt, der möge sich einmal das sogenannte „Altenteil" ansehen, um zu erkennen, welche neuen Wege dort beschritten worden sind.

Was Du jetzt betreibst, lieber Peter, paßt manchmal nicht in das gewohnte chemisch-technische Denkschema, aber gerade das ist das Imponierende daran, auch und besonders weil Methode und Resultate Anreiz zu Diskussionen geben. Wissenschaftliche Ergebnisse, über die nicht temperamentvoll diskutiert wird, sind entweder mittelmäßig oder man schweigt aus Höflichkeit vor dem Alter des Vortragenden, beides ist zum mindesten peinlich.

Lieber Peter Thiessen, wenn wir Dir heute noch einmal sehr herzlich zum 85. Geburtstag gratulieren, und Dir wieder von ganzem Herzen alles nur erdenklich Gute wünschen — ad multos annos übrigens, um bei einer bewährten Akademiegeburtstags-Redewendung zu bleiben — dann freue Dich auch, daß die Ergebnisse *Deiner* Experimente der letzten fünf Jahre (und nicht nur dieser), wenn Du sie vorträgest oder wenn Du Deine Mitarbeiter sprechen ließest, immer Stoff zu Meinungsstreit lieferten, dafür oder dagegen, hier bei uns und, wie Du mir erzähltest, noch mehr in recht deftiger russischer Art und Weise — d.h. gehauen und gestochen, aber in aller Freundschaft — in Akademgorodok, wohin zu reisen Du auch mit 84 Jahren nicht unterlassen wolltest. Diese Stabilität an Gesundheit, die Voraussetzung für eine solche Reise ist, möge Dir noch viele Jahre erhalten bleiben!

Ich habe lange überlegt, womit ich schließen sollte, ich blieb dann doch bei dem Schlußsatz aus dem „Zeugnis" Deines verehrten Lehrers Zsigmondy, der lautet: „Die(se) ganz außerordentliche Vielseitigkeit seines Könnens und Wissens ist verbunden mit einem scharfen Blick für das Wesentliche eines Problems und einem genialen Instinkt für seine Lösungsmöglichkeiten. Beide Gaben vereinen das vielseitige Wissen und technische Können zur fruchtbaren Forschertätigkeit". So geschrieben in Göttingen, am 17. Februar 1928, und dem ist nichts hinzuzufügen und von dem ist nichts hinwegzunehmen — auch heute noch nicht.

Wolfgang Schirmer und Hans-Joachim Spangenberg

Die nichtthermische Aktivierung chemischer Reaktionen und Probleme ihrer technischen Realisierung

1. Einführung

Ein fundamentales Problem der Chemie besteht darin, chemische Reaktionen auszulösen. Um Moleküle in Reaktionsbereitschaft zu setzen, müssen sie auf so kurze Abstände genähert werden, daß bestehende chemische Bindungen gelöst und neue geknüpft werden können. Hierbei ist ein bestimmtes Energiepotential zu überwinden, die sogenannte Aktivierungsenergie (Abb. 1).

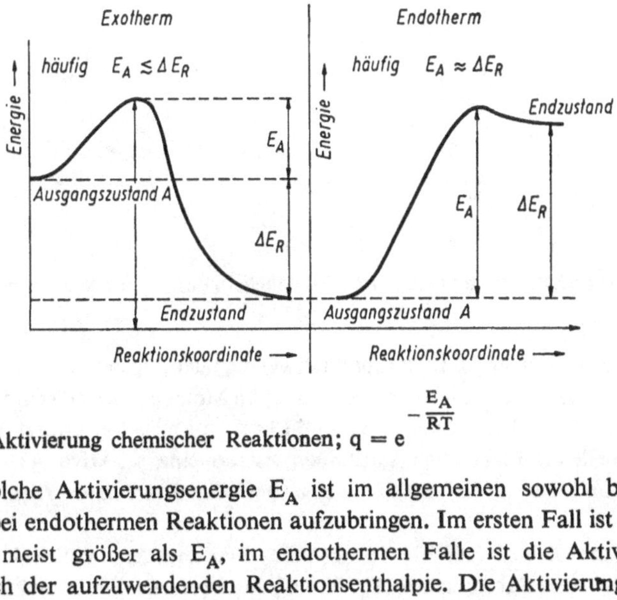

Abb. 1 **Aktivierung chemischer Reaktionen;** $q = e^{-\frac{E_A}{RT}}$

Eine solche Aktivierungsenergie E_A ist im allgemeinen sowohl bei exothermen als auch bei endothermen Reaktionen aufzubringen. Im ersten Fall ist die Reaktionsenthalpie meist größer als E_A, im endothermen Falle ist die Aktivierungsenergie etwa gleich der aufzuwendenden Reaktionsenthalpie. Die Aktivierungsenergien von Molekülreaktionen liegen durchschnittlich bei 120 ... 200 kJ mol^{-1}. Dieser Betrag bestimmt die Reaktionsgeschwindigkeit, die nach der kinetischen Theorie abhängig ist von der Zahl der erfolgreichen Molekülstöße.

Bei Zimmertemperatur sind nur solche Stöße erfolgreich, wo die Partner etwa mit dem 20fachen der durchschnittlichen Energie aufeinanderprallen. Ihr Anteil wächst mit steigender Temperatur exponentiell, weshalb chemische Reaktionen, soweit nicht Katalysatoren die Aktivierungsschwelle herabsetzen, im allgemeinen erst bei höheren Temperaturen mit befriedigender Geschwindigkeit ablaufen. Daher werden, seit es eine auf praktische Aufgaben gerichtete Chemie gibt, Reaktionen in der Mehrzahl der Fälle durch Erhitzen ausgelöst. Aufheizen im trivialen gaskinetischen Sinne bedeutet aber, daß sich die zugeführte Energie auf alle Freiheitsgrade — also auf 6 Translationen und Rotationen des Moleküls und auf die 3n-6 Schwingungen des n-atomigen Moleküls und bei großer Energiezufuhr auch auf die Anregung der Elektronenzustände — verteilt. Läßt man die letzten außer Betracht, so ist meist eine der Schwingungen entscheidend für die Stabilität der chemischen Bindung innerhalb des Moleküls.

Will man also Stoffe chemisch gezielt verändern, so sollte es grundsätzlich möglich sein und von energetischem Vorteil, jeweils nur bestimmte Freiheitsgrade des Moleküls selektiv anzuregen und die Aktivierungsenergie auf nichtthermischem Wege aufzubringen.

Als Beispiel wird angeführt der Übergang von Iso-Propylbenzol zu 2,3-Diphenylbutan unter Elektronenbeschuß (Abb. 2).

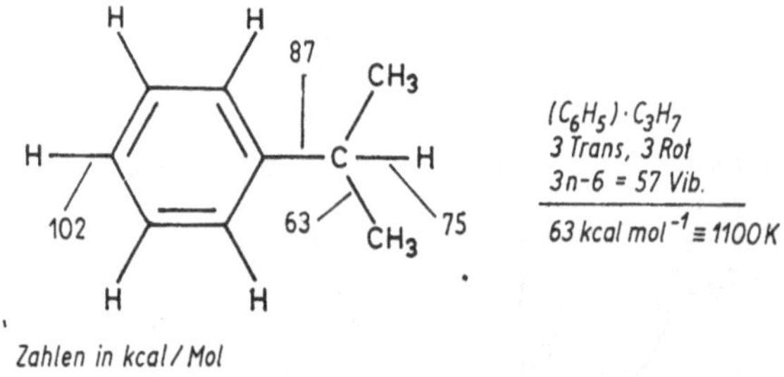

Abb. 2 Übergang von Isopropylbenzol zu 2,3-Diphenylbutan unter Elektroneneinwirkung (≈ 3 eV)

Es ist die Ablösung einer Methylgruppe notwendig; der zugehörigen C-C-Bindung entspricht offensichtlich der kleinste Energiebetrag im Molekül. Dieser ist aufzubringen durch Stoß mit (3 eV)-Elektronen ($1\ eV \equiv 23\ kcal \cdot mol^{-1}$). Verhindert man, daß Stöße mit schnelleren Elektronen stattfinden, ist so eine selektive Ablösung der Methylgruppe und damit die Zusammenlagerung der Reste zum Diphenylbutan gegeben.

Wollte man die 63 kcal (263 kJ) der $C-CH_3$-Bindung dem Molekül thermisch zuführen, so müßte die Substanz auf 1100 K aufgeheizt werden. Die Moleküle würden kollabieren und in statistisch verteilte Fragmente zerfallen, der Zweck nicht erreicht werden.

2. *Eigenschaften nichtthermischer Systeme*

Nichtthermische Aktivierung geht einher mit Nichtgleichgewichtszuständen, also solchen, bei denen keine Boltzmann-Verteilung der Energie über die Partikelarten und deren Freiheitsgrade vorliegt.

Wo beobachten wir solche Verhältnisse und welche nichtthermischen Prinzipien sind hier gemeint? Dazu ist eine Aufstellung in Tab. 1 gegeben. Die bei den aufgeführten Wechselwirkungen vorliegenden Systeme besitzen eine Reihe von nichtthermischen Eigenschaften, von denen zu nennen sind:

- keine Boltzmann-Verteilung der Energie über Partikelarten und Freiheitsgrade
- keine einheitliche Temperatur: $T_N \neq T_E$; $T_{tr} \neq T_{rot} \neq T_{vib}$
- das Massewirkungsgesetz gilt nicht
- die Arrhenius-Gleichung der Kinetik gilt nicht; $\log k = f(1/T)$ ist nicht linear abhängig
- Reaktionen mit positivem ΔG-Wert werden möglich.

Tab. 1 Nichtgleichgewichte und nichtthermische Aktivierung

Vorgang	Ursache– Eigenschaft	Anwendung, Vorkommen
1. Adiabat. HT-Proz. Heiße Flammen	Hohe RG, Relaxat. v. E-Moden	Stark exoth. Rk'n. hoher RG „Düsen-Chemie"
2. Molekül-Photon-WW	Radikale, Rk. aus höheren E-Niveaus	Photochemie (UV, vis) Photolyse
3. Molekül-Laser hν-WW	Hohe E-Dichte Monochromasie, modenselektiv	Laserchemie (IR, UV) LISA
4. Molekül-(γ, Korp.)-WW	$E \gg E_A$ Sekundärprozesse	Strahlenchemie
5. Molekül-Elektron-WW Molekül-Ion-WW	$Te \neq T_N$ Hohe RG.	„Kalte" Plasmachemie Rk'n in Glimm-, Korona-, HF-Entl.
6. Tribochem. Rk'n	„Mikro-Plasma"	Rk'n in Gegenwart bearb. Festkörper, Mahlprozesse

Damit unter diesen Bedingungen chemische Reaktionen ablaufen können, ist es im weiteren notwendig, die Zeitdauer der Anregungs-, Reaktions- und Relaxationsvorgänge im molekularen Geschehen zu berücksichtigen (Tab. 2). Nur wenn es gelingt, die Reaktionsgeschwindigkeit der selektiv angeregten Teilchen größer als die Geschwindigkeit der Relaxationsvorgänge zu machen, kann der Selektivitätsvorteil nichtthermischer Systeme genutzt werden.

Aus diesen Angaben ist insbesondere für Photon-Molekül- und Elektron-Molekül-Wechselwirkungen ersichtlich, daß nur ziemlich selten auftretende günstige Reak-

Tab. 2 Charakteristische Dauer von Elementarvorgängen

	Einzelphoton – Anregung	$10^{-13}-10^{-14}$ s
	Multiphoton – Anregung, je nach Molekülart	$10^{-7}-10^{-11}$ s
	Elektronen – Anregung durch Stoß	$10^{-14}-10^{-15}$ s
	Reaktionszeiten	
1.	Unimolek. Zerfall größerer Moleküle	$10^{-3}-10^{-5}$ s
2.	Unimolek. Zerfall kleiner Moleküle	$10^{-8}-10^{-12}$ s
3.	Bimolek. Reakt. (Gasphase)	$10^{-3}-10^{-4}$ s
	Relaxation	
1	V–V-Umverteilung (intramolek.)	10^{-12} s
2	V–V-Transfer d. Molekülstoß	$10^{-6}-10^{-7}$ s
3	V–RT-Transfer durch Stoß	$10^{-5}-10^{-6}$ s
4	Rot–Rot-Transfer durch Stoß	10^{-10} s

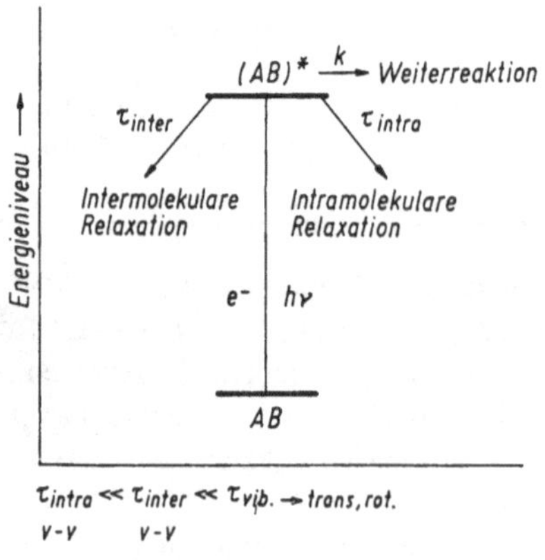

Abb. 3 Reaktion und Relaxation

tionsbedingungen existieren müssen, um die theoretischen Vorzüge einer nichtthermischen Aktivierung experimentell auch nutzen zu können. Wir haben vorzuliegen ein Konkurrenzspiel der Energie zwischen ihrer Weiterleitung zur Reaktion und der intramolekularen und intermolekularen Relaxation (Abb. 3).

In solchen Fällen, wo die notwendigen und hinreichenden Kriterien für den Ablauf nichtthermisch ausgelöster Reaktionen erfüllt sind, können sich eine Reihe von Vorteilen der technisch durchgeführten Umsetzungen ergeben, von denen genannt seien:

- erhöhte Reaktionsgeschwindigkeit
- größere Selektivität des Reaktionsablaufes
- Reaktionen bei niedrigen Temperaturen und Drücken
- Erhöhung der Ausbeute an Endprodukt
- trägheitsfreie Anpassung an technologische Parameter, günstig für Regelung und Automatisierung.

Alle diese Faktoren müßten bei einer entsprechenden technischen Anwendung der Reaktionen zu einer Senkung des spezifischen Energieaufwandes führen. Tatsächlich wurde auch die Einführung in den technischen Maßstab unter diesem Aspekt betrieben. Es stellte sich jedoch bald heraus, daß aus Gründen, die im folgenden noch näher ausgeführt werden, eine Nutzung des theoretisch gegebenen energetischen Vorteils oft nicht realisiert werden konnte. Auch auf dem Gebiete der nichtthermischen Aktivierung müssen für eine erfolgreiche technische Nutzung der Reaktionen noch intensive technologische Untersuchungen durchgeführt werden.

Im folgenden werden chemische Reaktionen genannt, bei denen nichtthermische Aktivierungen erfolgreich waren und die zum Teil auch in technischen Maßstäben betrieben werden.

3. Photo- und Laserchemie

Der Gedanke, Licht bestimmter Wellenlänge zur Resonanzanregung in Molekülen bis hin zum Bindungsbruch zu verwenden, wird seit 50 Jahren technisch verfolgt. Die klassischen Gebiete der technischen Anwendung der Photochemie (unter Einsatz von Hg-Lampen) sind:

- die radikalische Chlorierung, meist von aromatischen Kohlenwasserstoffen
- die Sulfochlorierung:

$$RH + SO_2 + Cl_2 \xrightarrow{\lambda:\ 300\ -\ 360\ \text{nm}} RSO_2Cl + HCl$$

- die Sulfoxydation:

$$RH + 2SO_2 + O_2\ (+H_2O) \xrightarrow{h\nu(UV)} RSO_3H + H_2SO_4$$

– die Photonitrosierung des Cyclohexans zu Cyclohexanonoxim, einer Vorstufe des Caprolactams:

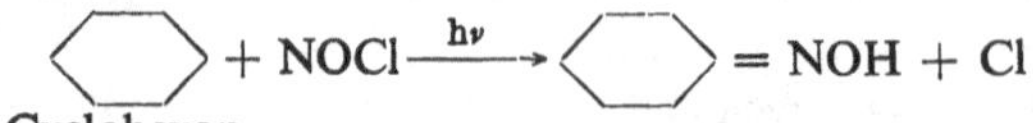

Cyclohexan

Das sind auch heute noch die Gebiete, die mengenmäßig mit ihren Produkten am stärksten ins Gewicht fallen. Es ist kein Zufall, daß es sich hierbei vorwiegend um Kettenreaktionen handelt. Die eingestrahlte Lichtenergie wird ausschließlich für die Auslösung der Kettenreaktion durch Bildung von Radikalen benötigt. So beträgt bei der Chlorierung von Benzen zu Hexachlorcyclohexan die Quantenausbeute im technischen Prozeß $\eta \cong 2500$. Bei der Sulfochlorierung von mittellangen n-Paraffinen ist der entsprechende Wert $\eta \sim 2000$ (je nach Reinheit der Rohstoffe). Relativ günstig liegen die Werte für den Energiebedarf bei der photochemisch durchgeführten Sulfoxidation. Hier müssen für 1 kg Alkansulfonat nur 0,2 kWh Elektroenergie aufgewendet werden.

Bei der Photonitrosierung von Cyclohexan zu Cyclohexanonoxim wird eine Quantenausbeute von $\eta = 0.8$ erreicht. Für 1 kg Oxim werden 2,5 kWh an Elektroenergie für den Betrieb der UV-Strahler aufgewandt. Damit liegt der Energieanteil an den Produktionsselbstkosten mit 10–15% in vertretbaren Grenzen. Photochemische Synthesen werden zur Gewinnung von Wirkstoffen wie Vitamin D_3 aus 7-Dehydrocholesterin, von all-trans-Vitamin-A-Acetat, von Steronderivaten sowie von Riechstoffen eingesetzt. Hierbei handelt es sich um Produkte, deren Wert je Mengeneinheit so hoch ist, daß auch eine geringere Quantenausbeute und ein dementsprechend höherer spezifischer Energieaufwand nicht ins Gewicht fallen. Dennoch fällt auf, daß sich die Zahl der technisch genutzten Photosynthesen in den letzten 10 Jahren nur langsam erhöht.

Diese Entwicklung steht ganz im Widerspruch zu der großen wissenschaftlichen Bedeutung, die die Photochemie bei der Untersuchung von Reaktionsmechanismen, von Relaxationsvorgängen in Molekülen, zur Bestimmung der Lebensdauer metastabiler Zustände und als analytische Methode erworben hat. Offensichtlich ist es noch nicht gelungen, die hierbei gesammelten Erfahrungen konsequent auf das Gebiet technischer Nutzung zu übertragen. Einige der Gründe liegen u.a.:

– in der Ausnutzung des für die selektive Anregung geeigneten Frequenzbereichs des eingestrahlten polychromatischen Lichtes

– in der ungenügenden Ausnutzung der Absorptionsmöglichkeiten für das einfallende Licht

– in unbefriedigenden Raum-Zeit-Ausbeuten der nicht über Radikalketten ablaufenden Reaktionen

– in einigen technologischen Unzulänglichkeiten der Reaktorgestaltung und der Entwicklung leistungsfähiger Lichtquellen.

Diese Probleme nennen heißt gleichzeitig Aufgaben bezeichnen, die die zukünftige Forschung lösen sollte.

Einige der obengenannten Nachteile der photochemischen Anregung lassen sich durch Einsatz von Laserstrahlung überwinden. Bekanntlich zeichnet sich Laserstrahlung durch folgende Eigenschaften aus:

- durch hohe Monochromasie $\left(\frac{\Delta\nu}{\nu} \sim 10^{-9}\right)$
- durch vollkommene Kohärenz
- durch Parallelität des emittierten Lichtstrahls
- durch hohe Energiedichte
- durch extrem kurze Lichtblitze hoher Leistung oder durch kontinuierlichen Betrieb.

Es liegt nun nahe, diese für mögliche chemische Umsetzungen außerordentlich günstigen Eigenschaften auch technisch zu nutzen. Hierfür kommen in Frage molekülspezifische und modenselektive Absorptionen. Als aussichtsreich werden derzeit angesehen die laserinduzierten unimolekularen Reaktionen (Zerfallsprozesse in Verbindung mit Kettenreaktionen), Radikalbildungen und Isomerisierungsprozesse.

Zu den ersteren gehört die excimerlasergestützte Bildung von Vinylchlorid aus 1,2-Dichloräthan

$$C_2H_4Cl_2 \xrightarrow[\lambda=380\text{nm}]{200\text{—}300°\text{C}} C_2H_2Cl^{\bullet} + Cl^{\bullet}$$

$$Cl^{\bullet} + C_2H_4Cl_2 \rightarrow C_2H_3Cl_2^{\bullet} + HCl$$

$$C_2H_3Cl_{2\bullet} \rightarrow C_2H_3Cl + Cl^{\bullet},$$

eine Kettenreaktion, deren Träger Chloratome sind und die bereits technische Anwendung findet.

Als Beispiel für lasergestützte Isomerisierungsreaktionen sei hier die Öffnung des Hexafluorcyclobutens angeführt:

$$\begin{matrix} F_2C\text{—}CF \\ | \quad \| \\ F_2C\text{—}CF \end{matrix} \xrightarrow[\Delta H = 49\text{ kJ}\cdot\text{mol}^{-1}]{h\nu(\text{IR})} F_2C = CF - CF = CF_2$$

Die Aktivierungsenergie wird in diesem Falle durch die 10 μm-Strahlung eines CO_2-Lasers aufgebracht. In diese Gruppe der LISA-Prozesse gehören auch isotopenselektive Reaktionen; als bekannteste die Trennung der Uranisotope über die selektive Lichtabsorption im $[UF_6]$-Komplex in Abhängigkeit von der Massenänderung.

Bei der Mehrzahl der laseraktivierten chemischen Reaktionen handelt es sich nicht um Modenselektivität, sondern um molekülspezifische Wirkungen. Als technisch interessante Beispiele seien hier genannt:

1. die Silanreinigung für die Halbleiterindustrie
2. die Synthese sinterbarer Pulver.

Zu 1: Bei der Reinigung von mit Arsin und Phosphin verunreinigten Silanen mittels eines Excimerlasers sind die in Abb. 4 angegebenen Parameter wichtig. Die Verunreinigungen absorbieren die Strahlung von $\lambda = 193$ nm mit einer 10000fachen Selektivität gegenüber dem Silan; die Moleküle werden zerstört, Arsen und Phosphor fallen aus.

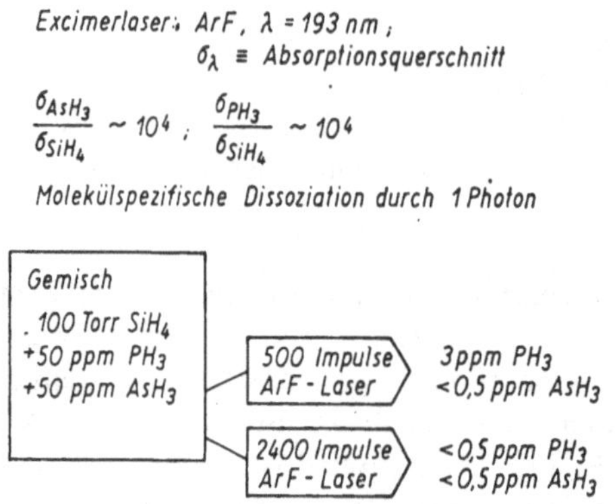

Abb. 4 Silanreinigung für Halbleiterindustrie

Zu 2: In Abb. 5 sind die Parameter für die Bildung von Siliciumnitrid und Siliciumcarbid aus einfachen Gasen unter Einsatz eines Infrarotlasers aufgeführt. Die bei diesen Lasersynthesen zustande gekommenen Produkte sind wegen des Fehlens eines Wandeinflusses sehr rein; der spezifische Energieaufwand ist jedoch größer als bei den konventionellen Verfahren, etwa der des Acheson-Prozesses zur Bildung von SiC. Eine weitere thermische Variante wäre der Plasmastrahl, um Spezialstoffe dieser Art in der Gasphase zu erzeugen.

Woran liegt es nun, daß die zweifellos gegebene hohe Selektivität der Laseranregung bisher technisch wenig genutzt werden konnte?

1. Die interne Relaxation angeregter Schwingungsmoden ist ein extrem schneller Vorgang. Um diese Anregung chemisch zu nutzen, ist eine entsprechend schnelle chemische Reaktion zu finden, die die Anregungszustände vor der Relaxation „verarbeitet“.

2. Da die die eingestrahlte Laserenergie gut nutzende Multiphotonenanregung auch innerhalb sehr kurzer Zeiten ihre Selektivität verliert (bei 10 Torr z.B. innerhalb von 100 ns!), ist auch hier der Vorteil aufgehoben.

3. Der Anteil an wirksamer Laserenergie bleibt daher bei chemischen Umsetzungen gering. So ist der energetische Wirkungsgrad für die Zersetzung von Kohlenwasserstoffen geringer als 0,3 %. Die absorbierte Laserenergie beträgt am Cyclohexan weniger als 1 % der Gesamtenergie.

cw-CO_2-Laser; $\lambda = 10\ \mu m$; 150 W

– $3\ SiH_4 + 4\ NH_3 \xrightarrow[CO_2\text{-Laser}]{h\nu} Si_3N_4 + 12\ H_2$

Energiezuführung: > 12 kWh/kg Si_3N_4

– $SiH_4 + CH_4 \xrightarrow[CO_2\text{-Laser}]{h\nu} SiC + 4\ H_2$

Energiezuführung: 15 kWh/kg SiC

Acheson-Verfahren	*Laser-Synthese*
Quarzsand, Koks	SiH_4, CH_4
8 kWh/kg SiC	15 kWh/kg SiC
unsauber,	sehr rein, amorph
Mahlung, Klassierung	
50 t SiC in 40 h	

3. Variante: Plasmastrahl

Abb. 5 Synthese sinterbarer Pulver

4. Der energetische Wirkungsgrad von Lasern, die für Anwendungsprobleme eingesetzt werden können, ist zwar unterschiedlich, zum Beispiel

bei CO_2-Lasern	5–25%
bei chemischen Lasern	10%
bei Excimerlasern	10–15%,

um die zur Zeit günstigsten Typen zu nennen; aber er reicht in Verbindung mit dem oben Gesagten nicht aus, um den Energieeinsatz, auch bei wertvollen Produkten, in der Regel ökonomisch attraktiv zu machen.

Einige weitere Faktoren wurden im Rahmen der Studie unseres Zentralinstituts über den Einsatz der LISA hervorgehoben, so daß hier im einzelnen nicht darauf eingegangen werden muß. Es sind in absehbarer Zeit keine entscheidenden rentablen technologischen Lösungen zu erwarten.

4. Strahlenchemie

Die rasche Entwicklung der Kernphysik in den vergangenen drei Jahrzehnten förderte die Strahlenchemie sehr. Heute stehen leistungsfähige Strahlenquellen verschiedenen Typs zur Verfügung. Chemische Reaktionen können durch γ-Strahlung oder durch Korpuskularstrahlung ausgelöst werden. Der Einsatz energiereicher Elektronen ergänzt diese Vielfalt.

Die Strahlenchemie unterscheidet sich von der Photochemie durch die wesentlich größere Energie, die die einzelnen Strahlungsquanten oder Teilchen aufweisen. Die chemischen Bindungsenergien und die Ionisationspotentiale der Atome werden beträchtlich übertroffen. Ein energiereiches Teilchen kann im Gegensatz zu den Photonen Tausende von Elementarprozessen hervorrufen. Auch energiereiche Sekundärelektronen können chemische Reaktionen auslösen. Energiereiche Strahlung wird von allen Molekeln, unabhängig, in welchem Bindungszustand sie vorliegen, absorbiert. Durch diese Erscheinungen ist bereits der Hauptnachteil strahlungschemischer Aktivierung gekennzeichnet: die Selektivität der ausgelösten Vorgänge ist gering, es bedarf besonderer Maßnahmen, um zu einem einheitlichen Reaktionsprodukt zu gelangen (Anwendung von Radikalfängern, Auslösung von Kombinations- und Kettenreaktionen).

Da das Arbeiten mit energiereicher Strahlung besondere Schutzmaßnahmen notwendig macht und die Strahlung in Gefäßmaterialien Strukturschäden hervorruft, die zu erhöhten Korrosionserscheinungen führen, ist auch die Technologie dieser Reaktionen völlig neu zu gestalten.

Bei der strahlenchemischen Aktivierung von Kohlenwasserstoffen treten Radikale und vor allem Ionen auf, die auf andere Weise nicht gewonnen werden können. Für sie geeignete spezifische Reaktionswege zu finden, ist noch im wesentlichen eine Frage künftiger Forschung.

Es überrascht daher nicht, daß der Einsatz strahlenchemischer Aktivierung in der Technik (nur auf dem Gebiet chemischer Umsetzungen betrachtet!) in den letzten Jahren relativ geringe Fortschritte gemacht hat. Nach wie vor stehen folgende Reaktionen im Mittelpunkt des Interesses:

- Synthese von Ethylbromid aus Ethen und HBr, ausgelöst durch γ-Strahlung von Co-60-Quellen
- Sulfoxydation von n-Alkanen (in Konkurrenz zu den photochemisch ausgelösten Verfahrensvarianten)
- Bildung von Phenol aus Benzen und O_2 unter Einwirkung von γ-Strahlung (erst bei Drücken um $5 \cdot 10^6$ Pa tritt eine ökonomisch vertretbare Energieausbeute auf, während die Selektivität offenbar befriedigend ist).
- Die Synthesen von Hydrazin aus Ammoniak und Glykol aus Methanol besitzen bisher unbefriedigend niedrige Ausbeuten.
- Die Vernetzung von Polymeren führte zum Aufbau festhaftender Oberflächenschichten und zu Werkstoffen mit neuen Eigenschaften.
- Auch die Pfropfung von Monomeren auf Unterlagen aus organischem oder anorganischem Material wird ermöglicht. Aus Holz und Beton entstehen so neue, vielversprechende Werkstoffe.

Die beiden letztgenannten Reaktionen betreffen zum Teil Kettenreaktionen, deren Spezifität während des Ablaufs erhalten bleibt. Die Aktivierung durch Strahlung schafft saubere Reaktionsbedingungen. Diese Anwendungsbereiche dürften in Zukunft noch größere Aufmerksamkeit erringen. Das betrifft auch den umgekehrten Vorgang: den Kettenabbau von Polymeren mit dem Ziel, definierte Endprodukte zu erhalten.

5. Plasmaaktivierung

Bezüglich der Plasmachemie sind bekanntlich zwei große Richtungen zu unterscheiden:

- thermisches Plasma
- nichtthermische Plasmachemie.

Diese unterscheiden sich dahingehend, ob eine Boltzmann-Verteilung (MBV) der Energie über alle Partikelarten und deren Freiheitsgrade vorliegt oder nicht. In Abb. 6 sind die Eigenschaften und Anwendungen der beiden Plasmaarten bezüglich der Chemie aufgeführt.

thermisches Plasma		nicht-thermisches Plasma
MBV T	$Ni = \frac{g_i e^{-\frac{Ei}{kT}}}{\sum_i g_i e^{-\frac{Ei}{kT}}}$	keine MBV $T_N \neq Te$
Lichtbogen, Plasmastrahl	(Funken)	Glimm, HF, Corona
2000–6000 K		$T_N \sim 300–600K$, $Te \sim 5 \cdot 10^3 - 2 \cdot 10^5$ K
$p \leq 10^5$Pa		$p \sim 10^2 - 10^4$ Pa
Endotherme Molekülbildungen		O_3, N_2H_4, polymere Schichten,
C_2H_2, HCN, C_2H_2, NO		Ätzen

Abb. 6 Stoffwandlung im Plasma

Im thermischen Plasma, wie es in Lichtbögen und im Plasmastrahl existiert, ist die Voraussetzung der Boltzmann-Verteilung erfüllt; die Durchführung endothermer Reaktionen wie die C_2H_2-, HCN-, C_2N_2-Bildungen werden durch Aktivierung mittels Stößen von Plasmaatomen auf Reaktanten-Moleküle, zum Beispiel Kohlenwasserstoffen, eingeleitet.

Im nichtthermischen Plasma von Glimm-, Korona- und HF-Entladungen können im Prinzip die gleichen Reaktionen, aber bei gewöhnlichen Temperaturen ablaufen. Die Energieübertragung erfolgt durch Elektronenstoß und daher durchweg auch bei vermindertem Druck. Gemäß Abb. 7 finden Kohlenwasserstoff-Aufbaureaktionen statt, deren ΔG bei diesen Temperaturen positiv ist, die also vom Standpunkt der klassischen Thermodynamik gar nicht ablaufen dürften. Es handelt sich um echte Nichtgleichgewichtsvorgänge, die zum Beispiel darin bestehen, daß Ionen-Molekül-Reaktionen auftreten, nachdem Ionen durch Elektronenstoß gebildet worden sind (Abb. 8). In dieser Weise finden Protonierungs- und Aufbaureaktionen statt, aber auch Umladungen. Aus kurzkettigen Kohlenwasserstoffen können längerkettige entstehen, wenn die Bedingungen mild sind und die Desaktivierung nicht mit einer erneuten Dissoziation verbunden ist. Zunächst einmal ist die Wahrscheinlichkeit, aus Methan etwa Pentan bilden zu wollen, gering.

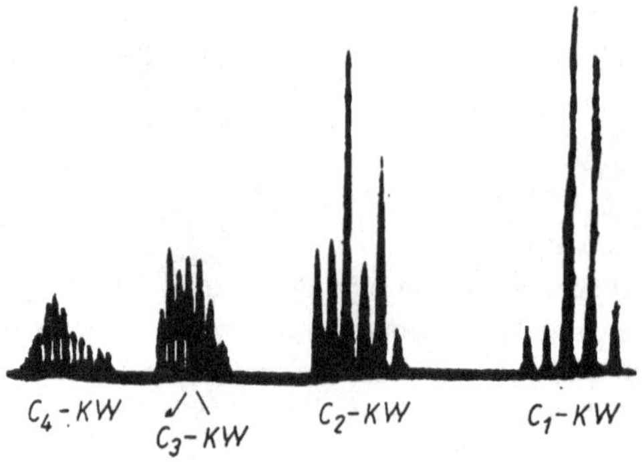

Abb. 7: Massenspektrum einer Glimmentladung in Methan; Bildung längerer Kohlenwasserstoffe

$$\varphi(r) = -\frac{e^2\alpha}{2r^4}\ ;\ \sigma = \frac{2\pi e}{\nu}\sqrt{\frac{\alpha}{\mu}}\ ;\ k = \sigma\nu$$

$k \rightarrow 10^{12} cm^3 s^{-1}$; $\sigma \rightarrow 10^{-16} - 10^{-14}\ cm^2$

α — Polarisierbarkeit des Neutralmoleküls, μ — reduzierte Masse

$CH_4^+ + CH_4 \rightarrow CH_5^+ + CH_3$ (Protonierung)

$CH_3^+ + CH_4 \rightarrow C_2H_5^+ + H_2$ (Aufbau-IMR)

$C_2^+ + C_2H_2 \rightarrow C_4H^+ + H$ ($kT < 5$ eV)

$CH_5^+ + C_nH_{2n+2} \rightarrow CH_4 + H_2 + C_nH_{2n+1}^+$ ($n \geq 3$)

Abb. 8 Ion-Molekül-Reaktionen

Auch in der Korona-Entladung finden Aufbaureaktionen statt; die Umsätze zu längerkettigen Kohlenwasserstoffen bleiben aber gering, wenn es nicht gelingt, neugebildete Produkte aus dem Reaktionsgebiet schnell herauszuführen (Abb. 9).

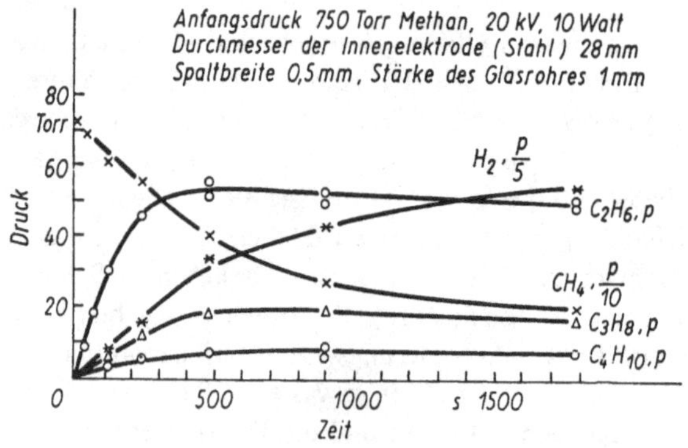

Abb. 9 Zeitabhängigkeit der Partialdrücke (Wasserstoff und gesättigte Kohlenwasserstoffe) einer Corona-Entladung in Methan

Da in nichtthermischen Plasmasystemen die Energie durch Elektronenstoß übertragen wird, ist die Energieverteilung entscheidend. Abb. 10 zeigt die Energieverteilung der Elektronen einer Glimmentladung in CO_2.

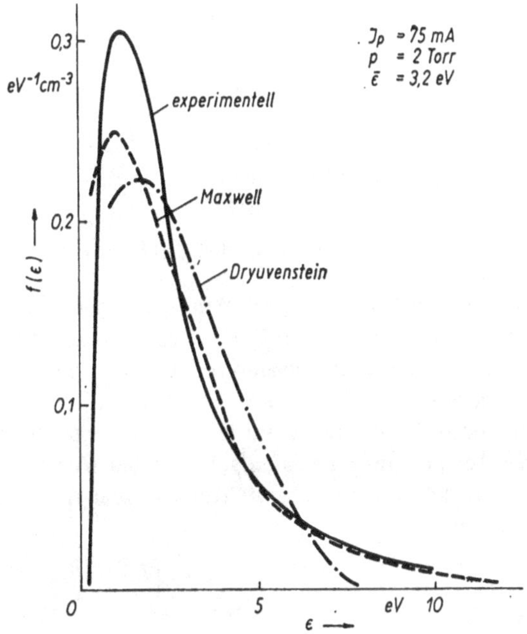

Abb. 10 Elektronenenergieverteilung in CO_2 unter Glimmentladungsbedingungen

Aber auch Elektronen geringer Energie können chemische Reaktionen in Gang bringen. So können 1 eV-Elektronen die Aktivierungsenergie für die Reaktion von molekularem Stickstoff gemäß dem Schema:

$$CH_2 + N_2^* \rightarrow CH + H + N_2$$

$$CH + N_2^* \rightarrow (CHN_2)^*$$

$$(CHN_2)^* + CH \rightarrow 2\,HCN$$

$$(CHN_2)^* \rightarrow HCN + N$$

$N_2^* \equiv$ schwingungsangeregtes N_2-Molekül

für die Bildung von Cyanwasserstoff aufbringen. Um auf thermischem Wege das gleiche zu erreichen, müßte N_2 auf mehrere 1000 K aufgeheizt werden.

Was die Selektivität nichtthermischer Plasmareaktionen angeht, so hängt sie von der Elektronenenergie ab. Das spielt eine Rolle bei den technischen Synthesen von Ozon, Hydrazin, bestimmten Aminen und bei der Propylenoxydation mittels nichtthermischen Plasmas. In Abb. 11 sind die Produkte nach einer Radiofrequenz-Entladung in Toluol bzw. Toluol-J_2 angegeben.

Anteile der Reaktionsprodukte in Gew %

$C_6H_5CH_3$	$C_6H_5CH_3 + J_2$
Benzol 35	Benzyljodid 47
Äthylbenzol 40	Jodbenzol 14
Bibenzyl 16	Äthylbenzol 11
Biphenylmethan 7	Benzol 13
Biphenyl 2	Methyljodid 6
Xylol-Isomere < 1	Nicht identif. 9

Abb. 11 Toluol in einer 28 MHz-Radiofrequenz-Entladung (Fridman u.a. 1978)

Die technische Durchführung solcher Reaktionen muß den besonderen Gegebenheiten Rechnung tragen. Bei Reaktionen etwa zur Bildung von Acetylen oder anderen Massenprodukten spielt der spezifische Energieaufwand eine entscheidende Rolle; dort muß auch wegen des großen Stoffdurchsatzes mit thermischem Plasma, also dem Lichtbogen oder Plasmastrahl gearbeitet werden. Bei höheren Veredlungen, die möglichst bei niederen Temperaturen ablaufen sollen, spielt nicht der Energieaufwand, sondern die Selektivität die entscheidende Rolle – hier ist die nichtthermische Plasmachemie am Platze.

6. *Triboaktivierung und Schluß*

Professor Peter Adolf Thiessen, zu dessen Ehren wir uns heute versammelt haben, hat sich in vielen seiner Arbeiten mit nichtthermischen Prozessen befaßt; darunter sind auch Aktivierungen in elektrischen Entladungen, vor allem aber tribochemische Prozesse.

An der technischen Nutzung von Festkörperreaktionen, die durch tribochemische Aktivierung ausgelöst werden, hat das Zentralinstitut für physikalische Chemie einen wesentlichen Anteil. In solchen Fällen wie der Nickelcarbonylierung, dem Aufschluß weicher Rohphosphate oder jüngst der Calciumtitansilikatbildung wurden bemerkenswerte Ergebnisse erzielt. Für die Reaktion:

$$CaTiO_3 + SiO_2 \text{ (mech. aktiv. Quarz)} \xrightarrow{1250°C} CaTiSiO_5$$

der Titanitbildung kann der technische Prozeß nur beherrscht werden, wenn neben der thermischen Aktivierung eine gleichzeitige mechanische Aktivierung des Quarzes einhergeht.

Es besteht kein Zweifel, daß mechanische Impakte gut geeignet sind, die chemische Aktivierung der festen Phase zu fördern. Aus dem Thiessenschen Triboplasma-Modell ergibt sich eine Reihe von Effekten und Bedingungen, die zu einer Beschleunigung chemischer Reaktionen führen.

Bereits im Kolloquium zum 75. Geburtstag des Jubilars konnte darauf verwiesen werden, daß zwischen tribochemischen und plasmachemischen Vorgängen eine Reihe von Analogien besteht.

So ist es unseres Erachtens von prinzipieller Bedeutung, wenn im ZIPC gezeigt werden konnte (Abb. 12), daß bei der tribochemischen Bearbeitung von SiC in Gegenwart einfacher Gase wie H_2, N_2, O_2 verschiedenste Stoffe wie Ammoniak, Methan,

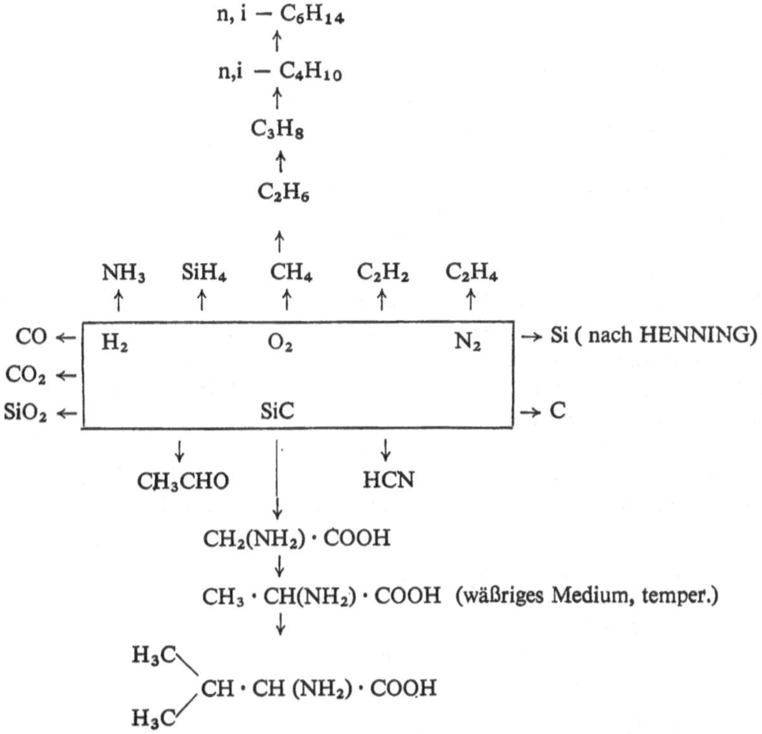

Abb. 12 Reaktionsprodukte einfacher Gase im Triboplasma von SiC

Kohlenmonoxid, Siliziumdioxid und nach Erwärmen in wäßriger Lösung auch einfache Aminosäuren entstehen können. Das ist ein Analogon zu dem Befund von Miller, daß aus einfachen Verbindungen wie Wasser, Methan und Ammoniak in Gegenwart makroskopischer Gasentladungen die Grundkörper biologischen Materials gebildet werden. Somit können Molekülbildungen im Urzustand der Erde auch durch geotektonische Vorgänge ihre Auslösung gefunden haben.

Der energetische Wirkungsgrad tribochemischer Vorgänge ist zwar gering, aber es werden Reaktionen ausgelöst, die anderweitig auf thermischem Wege nicht zu erzielen sind, und in einigen Fällen ist das von spezieller technischer Bedeutung.

Es ist hier nicht der Rahmen, um weitere chemische Beispiele der nichtthermischen Aktivierung zu erörtern. Ihre Mechanismen sind sehr unterschiedlich – gemeinsam ist aber, daß damit Energie unkonventionell für den chemischen Ablauf wirken kann und auch die Frage nach der Selektivität eine neue Perspektive erhält.

Dieses Gebiet der nichtthermischen Aktivierung ist und bleibt eng mit der Person von Akademiemitglied P. A. Thiessen verbunden, dem wir an dieser Stelle Gesundheit, alles Gute und weiteres Wirken im Sinne der Wissenschaft und unserer Gesellschaft wünschen möchten.

Literatur

[1] V. Goldanskij: Ideen des exakten Wissens **10** (1970) 631.

[2] G. Meyer-Kretschmer und H. Jetter: Naturwissenschaften **70** (1983) 7.

[3] S. Schneider: Chemie f. Labor und Betrieb **30** (1979) 3, 45, 96.

[4] Jan. W. M. Smith: Ber. Bunsenges. Phys. Chem. **86** (1982) 395.

[5] R. Zahradnik und S. Beran: J. Catalysis **44** (1976) 2880.

[6] K. G. Müller: Chem. Ing. Techn. **45** (1973) 122.

[7] M. Fischer: Angew. Chem. **90** (1978) 17.

[8] W. Schirmer: Aus d. Arb. Plenum u. Kl. AdW DDR **4** (1982) S. 33.

[9] M. Capitelli und E. Molinari: Kinetics of Dissociation Processes in Plasmas in the Low and Intermediate Pressure Range, in: Topics in Current Chemistry 90, Springer-Verlag Berlin, Heidelberg, New York, 1980.

[10] H. Drost: Plasmachemie, Akademie-Verlag, Berlin ,1978.

[11] H.-J. Spangenberg: Chem. Ges. d. DDR **22** (1975).

[12] P. A. Thiessen: Z. f. Chem. **5** (1965) 162.

[13] M. P. Hennig: Dissertation, Humboldt Universität zu Berlin (1970).

[14] G. Heinicke: Tribochemistry, Akademie-Verlag, Berlin, 1984.

Lothar Kolditz

Über die Rolle der Gasatmosphäre bei Festkörperreaktionen

Die Möglichkeit, daß Feststoffe ohne Vermittlung einer flüssigen oder einer Gasphase miteinander in Reaktion treten können, ist in der ersten Hälfte unseres Jahrhunderts beginnend mit Arbeiten von Hedvall, Tammann, Vernadskij u.a. grundlegend bestätigt worden. Damit ist aber nicht gesagt, daß die flüssige Phase oder die Gasphase keinen Einfluß auf die Festkörperreaktionen hat. Wir rechnen zu den Festkörperreaktionen alle Umsetzungen, an denen ein Festkörper teilnimmt, weil natürlich die Forderung richtig ist, daß Umwandlungen im festen Körper vom Standpunkt der Festkörperchemie aus betrachtet werden müssen, unabhängig davon, ob noch andere Phasen an der Umsetzung beteiligt sind.

Die Durchsetzung der Erkenntnis, daß Reaktionen zwischen festen Phasen direkt ablaufen können, war mit Schwierigkeiten verbunden, und dies mag ein Grund dafür sein, daß bisweilen später die Rolle anderer Phasen in Festkörperreaktionen nicht beachtet wurde. Besondere Aufmerksamkeit gebührt dem Wasser, das als Gas über Adsorption und Reaktion auch in Spuren einen Einfluß auf Festkörperreaktionen ausübt, der oft in der Variation der Reaktionsgeschwindigkeit zum Ausdruck kommt.

Sokoll und Müller [1] haben nachgewiesen, daß auf den drei wichtigsten Flächen von Quarzeinkristallen durch Einwirkung von Wasser zwischen 673 K und 1223 K charakteristische Überstrukturen gebildet werden. Dieses Verhalten ist durchaus verständlich, da Wasserdampf als Transportmedium für SiO_2 bekannt ist. Eine Chloratmosphäre zeigt den gleichen Effekt, wobei vom chemischen Standpunkt die Frage berechtigt erscheint, ob nicht in diesem Falle Wasserspuren und damit HCl an der Mitwirkung beteiligt sind. Es ist bemerkenswert, daß auch Argon und Sauerstoff [2] zwischen 773 K und 1223 K die Bildung von Überstrukturen verursachen, die für die Rhomboederflächen den gleichen Aufbau zeigen wie im zuerst genannten Fall, während die Überstrukturen der Prismenfläche anders geartet sind. Die Beeinflussung von Festkörpern durch inerte Gase wie Argon wird im wesentlichen darauf zurückgeführt, daß Gitterstörungen durch Einbau von Gasatomen in das Kristallgitter erzeugt werden.

Ob die Wirkung des Argons dabei durch Wasserspuren unterstützt wird, die z.B. über die Gasatmosphäre in das System eingebracht werden, bleibt noch dahingestellt. Diese Fragestellung sollte aber stets beachtet werden.

Die Reaktion zwischen CaO und SiO_2 gehört zu den am häufigsten untersuchten

Festkörperreaktionen. Dies liegt an der Bedeutung des Systems für die Zementherstellung und am hohen Vorkommen beider Komponenten in der Erdrinde. Hedvall, Runehagen u. Åkerström [3] weisen nach, daß Quarz, Cristobalit und Tridymit, die in der genannten Reihenfolge eine steigende Reaktivität gegenüber CaO aufweisen [4], durch eine Vorbehandlung mit O_2, SO_2, SO_3 + Luft und N_2 in ihrer Reaktivität verändert werden. Der Einfluß von O_2, SO_2,+ N_2 wirkt sich steigernd, der der übrigen Gase hemmend auf die Reaktion aus. Die durch Vorbehandlung erreichten Veränderungen der Materialeigenschaften werden beim Erhitzen des Feststoffgemischs in Luft während der Reaktion nicht rückgängig gemacht. Eine Beeinflussung wird aber dennoch erfolgen. Durch Vorbehandlung von Tridymit mit Chlor wurde von Hedvall u. Olsson [4] eine Aktivierung gegenüber CaO nachgewiesen, dagegen zeigte H_2 bzw. CO keine Wirkung. Eine ausführliche Untersuchung des Einflusses unterschiedlicher Gasatmosphären auf Reaktionen im System CaO-SiO_2 wurde von Krönert u. Wagner [5] durchgeführt. Im Vergleich zur Reaktionsgeschwindigkeit im Hochvakuum erfolgt eine Erhöhung in Wasserdampf, Luft, N_2, O_2, CO_2, H_2 und He, während CO einen verzögernden Einfluß auf die Reaktion ausübt. Der Grund liegt in der Abscheidung von Kohlenstoff durch Einstellung des Boudouard-Gleichgewichts. Da Wasserdampf die stärkste beschleunigende Wirkung hat, besteht immer die Gefahr, daß Untersuchungen mit anderen Gasen durch Wasserspuren verfälscht werden.

Trotz der vielen Arbeiten zum System CaO–SiO_2 ist der Reaktionsmechanismus auch heute noch nicht aufgeklärt. Der Einfluß der Gasatmosphäre wird außer der Beachtung der Reaktionsgeschwindigkeit allgemein im Hinblick auf Veränderungen in der Produktbildung beschrieben. Für den Reaktionsmechanismus werden in bezug auf die transportierten Teilchen alle grundsätzlich denkbaren Fälle angegeben. Die Wirkung der Fremdgase wird primär als eine Beeinflussung der Substratoberfläche angesehen. Krönert u. Wagner[5] weisen auf den Einfluß des Sauerstoffpartialdrucks auf die Reaktion hin und lassen deshalb den Sauerstofftransport über die Gasphase als einen möglichen Reaktionsweg zu.

In der klassischen Deutung des Mechanismus von Festkörperreaktionen wird der Transport einfacher Ionen, von Atomen und Elektronen über Fehlstellen des festen Stoffes angenommen und für einige Fälle bewiesen. Wenn es sich aber um Substanzen handelt, die Komplexe mit hochgeladenen Zentralatomen enthalten wie Silicate, Phosphate, Carbonate usw., wird die Annahme der Wanderung dieser Ionen (Si^{4+}-, P^{5+}, C^{4+}) problematisch. Es drängt sich die Formulierung der Verschiebung komplexer Teilchen in der Festkörperoberfläche, aber auch in deren Nähe im Innern des Festkörpers auf.

Bei den Reaktionen im System PbO–SiO_2 wurde nach Wagner [6] gegenläufige Diffusionen von Pb^{2+}- und Si^{4+}-Ionen postuliert. Jagitsch u. Bengtson [7] formulierten aufgrund von Leitfähigkeitsmessungen und Umsatzbilanzen die Diffusion von ungeladenen PbO-Teilchen in Richtung SiO_2 für den Reaktionsmechanismus. Die Wanderungsrichtung ist eindeutig vom PbO zum SiO_2 und widerspricht daher der Wagnerschen Annahme. Uns interessierte die von Jagitsch u. Bengtson gefundene Erklärung des Mechanismus. Wenn eine ausschließliche Wanderung von PbO-Teilchen im Feststoffsystem erfolgt, sollte ein O-Austausch mit der Gasatmosphäre nicht stattfinden, bzw. nicht in Korrelation zum Umsatz zu bringen sein. Die Überprüfung der Sauerstoffbeweglichkeit in $2\,PbO \cdot SiO_2$, dem Reaktionsprodukt der Umsetzung von $PbO + SiO_2$ durch Austauschexperimente mit $C^{18}O_2$ ergab, daß eine Diffusion von Sauerstoff durch die feste Phase nicht mit dem Umsatz korreliert [8]. Für den Reaktionsmechanismus muß nunmehr formuliert werden, daß neben dem Sauerstofftransport über die Gasphase Pb^{2+}-Ionen und Elektronen durch den Feststoff transportiert werden. Über die Diffusion von Pb im Reaktionsprodukt liegen Messungen von Lindner [9] vor, die wir zur Berechnung verwendeten. In Abb. 1 ist ein Vergleich der parabolischen Wachstumskonstanten für den Transport von Pb^{2+} und Elektronen durch das Reaktionsprodukt und von Sauerstoff als Gas gegeben.

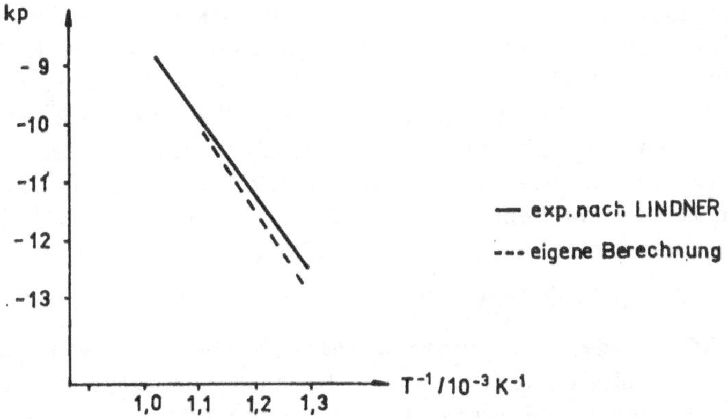

Abb. 1 Vergleich der parabolischen Wachstumskonstanten für die Reaktion im System PbO/SiO_2. (—) Transport von Pb^{2+} und Elektronen durch das Reaktionsprodukt, (---) von Sauerstoff als Gas

Für die Reaktion

$$MgO + Mg_2P_2O_7 \rightarrow Mg_3(PO_4)_2$$

haben Jagitsch u. Perlström [10] aufgrund von Bilanzuntersuchungen bei Tablettenreaktionen mit markierter Ausgangsoberfläche einen Transport von P_2O_5 im Feststoffbereich formuliert. Wir untersuchten die Reaktion in einem Pt-Tiegel, der mit $Mg_2P_2O_7$ gefüllt und im Abstand 5 mm von $Mg_2P_2O_7$ mit einer MgO-Tablette abgedeckt war [11]. Es zeigte sich, daß über die Gasatmosphäre P-O-Teilchen transportiert werden, die auf der MgO-Tablette zur $Mg_3(PO_4)_2$-Bildung führen.

Bei allen Reaktionen, in denen die Gasphase als Transportmedium auftritt, erfolgt die Beeinflussung der Festkörperreaktion durch eine Fremdatmosphäre nicht nur durch Einwirkung auf die Festkörper, sondern auch durch Wechselwirkung in der Gasphase. Besonders einleuchtend ist diese Feststellung für die $MgO/Mg_2P_2O_7$-Reaktion, da die PO-Teilchen hoch reaktiv sein müssen.

Es ist aber notwendig, darauf hinzuweisen, daß damit ein Transport kollektiver Teilchen im Festkörper nicht widerlegt ist. Die P-O–Teilchen treten aus der $Mg_2P_2O_7$-Oberfläche aus, es muß eine Nachlieferung erfolgen. Das feste $Mg_2P_2O_7$ wandelt sich dabei selbst in $Mg_3(PO_4)_2$ um. Man muß also zumindest auch in Oberflächennähe einen Teilchentransport postulieren, und wir meinen, daß hierbei eine Wanderung von P^{5+} nicht eintritt, sondern daß dies immer in Verbindung mit Sauerstoff geschieht. Dazu müssen weitere Untersuchungen durchgeführt werden.

Ein anderes Beispiel, das betrachtet werden soll, ist die Zersetzungsreaktion von Hexafluorosilicaten und ihre Reaktionen mit festen Oxiden. K_2SiF_6 zersetzt sich beim Erhitzen unter SiF_4-Abgabe und Ausbildung der Zwischenverbindung K_3SiF_7, deren Struktur aus $(SiF_6)^{2-}$-Oktaedern, F^-- und K^+-Ionen aufgebaut ist, zu KF. Der Freisetzung von SiF_4 muß eine Wanderung von Teilchen im Hexafluorosilicat vorausgehen, wobei keine von Fluorid unabhängige Verschiebung von Si^{4+}-Ionen von uns angenommen wird. Die Zerlegung der Oktaeder wird in Nachbarschaft von Fehlstellen und in Oberflächennähe beginnen und könnte in der Verschiebung von SiF_3^+- und F^--Ionen bestehen. Anstelle eines SiF_6^{2-}-Oktaeders bleiben zwei F^--Ionen und eine Fehlstelle zurück, die zu erhöhter Reaktivität Anlaß gibt. Die abgespaltenen Si–F-Teilchen sollten sich gegenüber SiF_4 im Normalzustand ebenfalls durch eine erhöhte Reaktivität auszeichnen. Das bestätigt sich in Cl–F-Austauschreaktionen an Chloroform [12] und an Reaktionen mit Al_2O_3 [13]. Eine deutliche Erhöhung der Reaktivität fanden wir in der Umsetzung

$$2\,Na_2SiF_6 + ZrO_2 \rightarrow Na_3ZrF_7 + NaF + SiF_4 + SiO_2$$

Bei 700 °C reagiert eine Pulvermischung in 15–20 Minuten vollständig. Im Falle von K_2SiF_6 läuft die analoge Umsetzung bei 900 °C in der gleichen Zeit ab, während weder NaF noch KF unter diesen Bedingungen mit ZrO_2 reagieren.

Die Si–F-Teilchen entwickeln ihre erhöhte Reaktivität aber nur in statu nascendi und in Wechselwirkung mit dem Festkörper. In der Gasphase bilden sie SiF_4 mit normaler Reaktivität. Die Zone erhöhter Reaktivität der Si–F-Teilchen liegt im Festkörper oder noch in Wechselwirkung mit ihm, also in dessen Nähe. Wir haben es hier mit einem Zwischenzustand zwischen Gasphase und Festkörper zu tun. Fremdgase beeinflussen diese Zone, vor allem Wasser, was sehr gut verständlich ist, da es sich um hydrolysierbare Verbindungen handelt.

Hexafluorosilicate zeigen darüber hinaus noch eine besondere Problematik. Es ist uns bisher nicht gelungen, ein O- und H-freies K_2SiF_6 herzustellen. K_2SiF_6 verliert die Hauptmenge anhaftenden Wassers bei 300 °C, wie aus der gaschromatographischen Analyse hervorgeht. Wasserspuren werden aber auch noch bei höheren Temperaturen abgegeben, oberhalb des für kompakte K_2SiF_6-Pulver liegenden Zersetzungsbeginns von 450 °C. Es handelt sich dabei um Wasser, das z. B. in Form von OH^- chemisch im K_2SiF_6 gebunden ist. Dieses Wasser gibt über die Gasphase und auch im Festkörperverband Anlaß zu hydrolytischen Reaktionen. Zum Studium von Zersetzungsreaktionen haben wir eine Pt-Effusionszelle entwickelt, die in Abb. 2 dargestellt ist. Sie besteht aus einem Pt-Tiegel mit eingeschliffenem Deckel, in dessen dünnwandige Stelle mit Laserstrahlen ein Loch von 18 μm Durchmesser gebohrt wurde. Die Substanzeinwaage ist von der Größenordnung 2 mg. Die Effusionszelle wird nach Beschickung mit Substanz im Rezipienten des Massenspektrometers dynamisch erhitzt, wobei MS-Kurven erhalten werden, die direkt mit denen in einer Thermowaage unter Normaldruck aufgenommenen TG- und DTA-Kurven vergleichbar sind [14]. Abb. 3 zeigt die entsprechenden Kurven. Die Wasserabgabe bei Temperaturen oberhalb der Zersetzung unter SiF_4-Abgabe wird bestätigt. Nach der SiF_4-Abgabe bleibt ein wahrscheinlich fluorhaltiges Kaliumsilicat zurück, das bei weiterer Temperaturerhöhung verflüchtigt wird, erkenntlich durch das synchrone Ansteigen des K- und

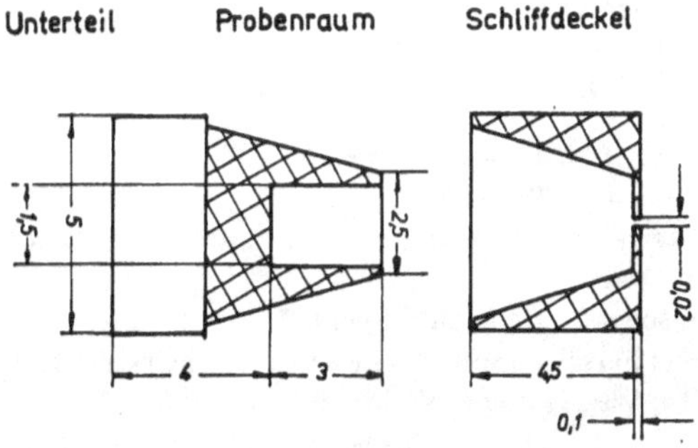

Abb. 2 Pt-Effusionszelle

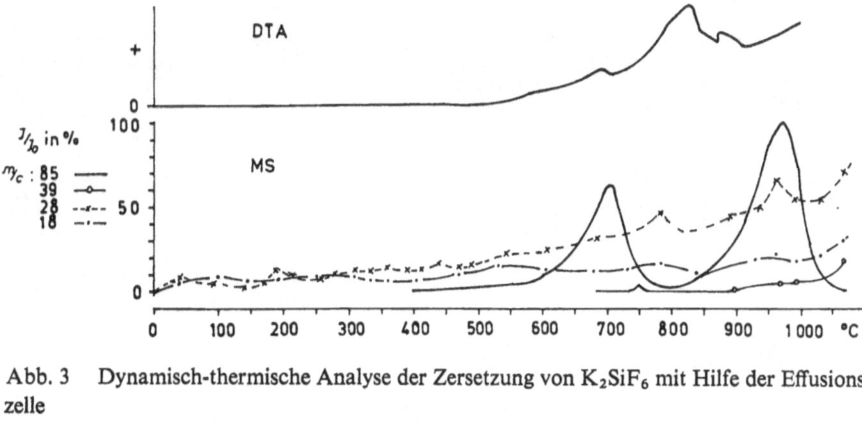

Abb. 3 Dynamisch-thermische Analyse der Zersetzung von K_2SiF_6 mit Hilfe der Effusionszelle

Si-Anteils im Dampf. Eine Verflüchtigung von KF konnte massenspektrometrisch nicht nachgewiesen werden. Die Entstehung des Kaliumsilicats geht auf in K_2SiF_6 chemisch gebundenes Wasser zurück. Die Einwirkung der Atmosphäre kann im Vakuum des Massenspektrometers ausgeschlossen werden. Ob die Reaktion im Festkörper in statu nascendi in dem oben diskutierten Zwischenzustand erfolgt, kann durch die bisherigen Experimente nicht entschieden werden.

Wasser erscheint aber als diejenige Substanz, deren Wirkung bei der Untersuchung des Einflusses von Fremdatmosphären auf Festkörperreaktionen sehr schwer auszuschließen ist. Reaktionsbeeinflussung kann bereits durch Spuren erfolgen, die mit dem Fremdgas in das System eingebracht werden oder als chemische Verunreinigung in der festen Substanz vorhanden waren.

Literatur

[1] R. Sokoll und B. Müller; Krist. u. Techn. **15** (1980) 93.

[2] R. Sokoll und B. Müller: Krist. u. Techn. **14** (1979) 1529.

[3] J. A. Hedvall; O. Runehagen und P. Åkerström: Chalmers Tekn. Högsk. Handl. (Göteborg) Nr. 30 (1944).

[4] J. A. Hedvall und K. Olsson: Z. anorg. allg. Chem. **243** (1940) 237.

[5] W. Krönert und E. Wagner: Forschungsber. des Landes Nordrhein-Westfalen; Nr. 2844; Fachgr. Bau, Steine, Erden, Westdeutscher Verlag 1979.

[6] J. A. Hedvall: Einführung in die Festkörperchemie; F. Viehweg u. Sohn, Braunschweig 1952, S. 163.

[7] R. Jagitsch und B. Bengtson: Ark. Kem. Min. och Geol. **A 22** (1946) 1–18, No. 6.

[8] D.-H. Menz: H. Ehwald u. L. Kolditz; Z. phys. Chem., in Druck.

[9] R. Lindner: Z. phys. Chem. N. F. **6** (1956) 129–142.

[10] R. Jagitsch und G. Perlström: Ark. Min, och Geol. A **22** (1946) 1–16, No. 5.

[11] D.-H. Menz: Dissertation Humboldt-Universität zu Berlin, in Vorbereitung 1984.

[12] L. Kolditz; F. Janiak; W. Wilde; S. Sciesielski und S. Feist: Z. anorg. allg. Chem. **452** (1979) 43.

[13] L. Kolditz und U. Bentrup: Z. anorg. allg. Chem. **491** (1982) 184–190.

[14] D.-H. Menz; K. Heide; W. Wilde u. L. Kolditz; J. Fluorine: Chem. **24** (1984) 345.

Peter Adolf Thiessen

Schlußwort

Hochverehrter Herr Präsident, lieber Herr Scheler,
hochverehrter Herr Vizepräsident, lieber Hermann Klare!

Ich glaube, wir sollten uns zunächst einmal alle bedanken für die Vorträge, die wir hier gehört haben. Sie haben eine Reihe von Tatsachen gebracht und gezeigt, wohin die weitere Entwicklung in der Untersuchung und womöglich Wertung gehen müßte. Das ist das, was man zu verlangen hat. Ich bedanke mich speziell bei allen, die heute an diesem Kolloquium teilnehmen und möchte meinen Dank erweitern an sehr viele, die nicht hier sind, aber aus deren Arbeiten ich ständig gelernt habe.

85 Jahre zu werden ist kein Verdienst. Die Funktion der Zunahme physiologischer Entropie ist von Fall zu Fall verschieden: Wenn sie nicht nur freie Energie übrig läßt, sondern überschüssige freie Energie erlaubt, dann sind 85 Jahre kein Verdienst, aber, ich möchte ausdrücklich betonen, auch kein Alibi.

Als Alibi könnte etwa gelten, daß man Windschutz vor harten Diskussionen beansprucht. Ich möchte ausdrücklich betonen, daß das Gegenteil richtig ist. Wenn mit einem alt gewordenen Wissenschaftler nicht mehr diskutiert wird, so möchte ich daraus ableiten, daß man ihn nicht mehr ernst nimmt.

Ich bin ausdrücklich dafür, daß man kräftig diskutiert mit mir und über mich. Dabei möchte ich kein Mißverständnis aufkommen lassen. Es kommt auf die Form wenig an, wesentlich ist, daß man die schwachen Stellen trifft, ob den feinen Ton, ist dabei gleichgültig. Das wäre die eine Richtung, in der ein Alibi nicht berechtigt ist.

Das zweite ist, daß man den Betrag an verbleibenden Kräften nicht auf die Höhe der Leistung bringt, die an sich möglich wäre. Wir sind dazu unbedingt verpflichtet. Natürlich ist der Beitrag eines einzelnen, also auch von mir persönlich, gemessen an der Gewalt der Aufgaben gering. Aber schließlich setzt sich ja der Fortschritt unserer Erkenntnis (oder sagen wir vielmehr des Anschlusses der Gestaltung an den Fortschritt der Erkenntnis) aus sehr vielen kleinen Gliedern zusammen. Es kommt dabei nicht bloß darauf an, daß der Beitrag von Null positiv verschieden ist, sondern es kommt auch auf den Vektor an. Es ist nicht gleichgültig, in welcher Richtung man seine Arbeit leistet.

Wir erleben in diesem Augenblick die stärksten Herausforderungen jeder Art, darunter auch wissenschaftlich tief begründet. Es ist aber notwendig zu wissen, wie und in welcher Richtung und vor allen Dingen welchen Zwecken die Fortschritte der Arbeit dienen müssen. Wir sind verpflichtet, mit unseren Arbeiten dazu beizutragen, daß man der ideologischen, politischen und technischen Herausforderung entgegentritt und sie dann Schritt für Schritt vermindert und am Ende entkräftet. Deshalb ist es ja notwendig, daß wir immer begreifen, in welchen Kategorien unsere Arbeiten ablaufen. Bestimmend ist für uns alles das, was für den großen sozialistischen Kontinent unter der Führung der Sowjetunion zur Verfügung steht, gefordert und ermöglicht wird.

Am 35. Jahrestag unseres Landes bekenne ich mich selbst ausdrücklich zu der Verpflichtung, die Kräfte zu erhalten durch Übung und nicht durch Schonung.
Ich danke Ihnen.

FSC
www.fsc.org
MIX
Papier | Fördert
gute Waldnutzung
FSC® C083411

Kolibri 360 GmbH
Ferdinand-Jühlke-Straße 7
99095 Erfurt, Deutschland
produktsicherheit@kolibri360.de